奇趣动物联盟

不许叫我
"老古董"

斯塔熊文化　编绘

石油工业出版社

图书在版编目（CIP）数据

奇趣动物联盟 . 不许叫我"老古董"/ 斯塔熊文化编
绘 . -- 北京：石油工业出版社，2020.10
ISBN 978-7-5183-4017-0

Ⅰ．①奇… Ⅱ．①斯… Ⅲ．①动物－青少年读物
Ⅳ．① Q95-49

中国版本图书馆 CIP 数据核字（2020）第 159117 号

奇趣动物联盟

不许叫我"老古董"

斯塔熊文化　编绘

选题策划：马　骁
策划支持：斯塔熊文化
责任编辑：马　骁
责任校对：刘晓雪

出版发行：石油工业出版社
　　　　　（北京安定门外安华里 2 区 1 号楼 100011）
网　　址：www.petropub.com
编 辑 部：（010）64523607　　图书营销中心：（010）64523633
经　　销：全国新华书店
印　　刷：北京中石油彩色印刷有限责任公司

2020 年 10 月第 1 版　2020 年 10 月第 1 次印刷
889 毫米 ×1194 毫米　开本：1/16　印张：3.75
字数：50 千字

定价：48.00 元
（如发现印装质量问题，我社图书营销中心负责调换）

欢迎来到我的世界

嗨！亲爱的小读者，很幸运与你见面！我是一个奇趣动物迷，你是不是跟我有一样的爱好呢？让我先来抛出几个问题"轰炸"你：

你想不想养只恐龙做宠物？

"超级旅行家"们想要顺利抵达目的地，要经历怎样的九死一生？

数亿年前的动物过着什么样的生活？

动物们怎样交朋友、聊八卦？

动物界的建筑师们有哪些独家技艺？

动物宝宝怎样从小不点儿长成大块头？

想不想搞定上面这些问题？我告诉你一个最简单的办法——打开你面前的这套书！这可不是一套普通的动物书，这套书里有：

令人称奇的恐龙饲养说明。

不可思议的迁徙档案解密。

远古生物诞生演化的奥秘。

表达喜怒哀乐的动物语言。

高超绝伦的动物建筑绝技。

萌态十足的动物成长记录。

童真的视角、全面的内容、权威的知识、趣味的图片……为你全面呈现。当你认真地读完这套书，你会拥有下面几个新身份：

恐龙高级饲养师。

迁徙动物指导师。

远古生物鉴定师。

动物情绪咨询师。

动物建筑设计师。

萌宝最佳照料师。

到时，我们会为你颁发"荣誉身份卡"，是不是超级期待？那就快快走进异彩纷呈的动物世界，一起探索奇趣动物王国的奥秘吧！

目录

带你去看看我的"老古董"朋友们。

哦，对了！

不要叫他们"老古董"哦！

地球诞生记

在我们可以观察到的宇宙范围内，我们生存的家园——地球是目前唯一确定有生命存在的星球。这些生命是怎么诞生的？地球又是怎么形成的？科学家们一直在对此进行研究，并做出了许多推测。

地球的诞生

距今约 46 亿年前，宇宙中有许多气体和尘埃，它们经过收缩、凝聚，你撞我一下，我撞它一下，彼此互相撞击融合，就形成了太阳、地球等星体的雏形。

地壳形成

地球刚形成时，是一个由岩浆组成的炽热的球。随着时间的推移，它开始由外向内慢慢降温，于是就在表面形成了一层薄薄的硬壳——地壳。不过，地球的内部此时依然是非常炽热的。

火山喷发

地壳刚形成时，地球内部的能量非常大，经常发生大规模的火山喷发活动。因此，那时候的地球表面覆盖着由岩浆形成的海洋。随着时间的推移，这些岩浆慢慢冷却下来，变成了坚硬的岩石。

大气层的形成

在火山喷发的时候，还喷出了大量的气体。因为地球本身有足够的引力，吸引住了这些气体，从而形成了大气层。不过，最初的大气层是非常原始的，里面含有很多有毒物质。

咳咳！

时间飞逝

又经过数百万年，地球的表面不断经受流星、彗星、小行星等撞击，使并不坚固的地壳开裂，流出了更多的岩浆。同时，这些彗星、小行星也为地球带来了一些水体。

真疼啊！

海洋的形成

地球慢慢冷却下来后，大气层的温度也开始降低。大气中的许多水蒸气凝结成了液态，以雨水的形式降落下来，从而产生了持续上百万年之久的滂沱暴雨。雨水在地表汇集起来，就形成了原始的海洋。

海洋形成后，大量的矿物质溶解在其中，成为早期细菌的能量来源。生命离不开液态水，海洋的形成则为生命的出现创造了条件。

下了上百万年了，还要下多久？

盘古开天辟地的传说

最初的宇宙混沌未开，生活在里面的巨人盘古，用一把巨斧劈开了混沌，形成了天地。他用身体支撑天地，使天变得足够高，地变得足够厚，就这样坚持了一万八千年。

最终，盘古因劳累不堪而倒下了。在临死前，他呼出的气变成了风和云，发出的喊声变成了滚过天空的雷声；

他的左眼变成了太阳，右眼变成了月亮，头发变成了满天繁星；

他的身体变成了山峰，血液变成了江河，筋脉变成了大道，肌肉变成了良田；

他的皮肤和汗毛变成了花草树木……就这样，盘古将天地分开，创造了世间万物。

地球的历史

地球上繁衍了多种多样的生命，其中的大多数现在已经灭绝了，但它们的遗体、遗迹有一部分在岩层中保留下来，形成了化石。科学家们通过对这些化石的研究，又结合地球岩石年龄的测定，把地球的演化历史分为若干个时代，我们把它称为地质年代。每个地质年代，都具有不同的特征。

地质学家们把地球的历史划分为：冥古宇（宙）、太古宇（宙）、元古宇（宙）、显生宇（宙）。显生宇（宙）又分为古生界（代）、中生界（代）和新生界（代），各界（代）还进一步划分为不同的系（纪）。

太古宇（宙）

太古宙离现在非常遥远，距今天大概 40 亿到 25 亿年。那时，地球还处在原始生命出现及生物演化的初级阶段。细菌和低等蓝藻留下的极少化石向人们证明了那时低等生命正在萌芽。太古宙时，地球表面上的地震和火山喷发不断，岩浆四溢，后来形成了最初的海洋。

元古宇（宙）

距今约 25 亿到 5.4 亿年，是地球的元古宙。元古宙时，地面表面基本上被海洋包围着，海洋中出现了藻类和无脊椎的原始生物。这些藻类沉积固结后，就形成了一层层花纹状的叠层石。

显生宇（宙）

显生宙大概是从 5.4 亿年前直到现在。在显生宙初期，地球上的生物逐渐向较高级的生物状态发展进化，这时候的动物已经具有外壳和清晰的骨骼结构，所以显生宙也被称为"看得见生物的年代"。

古生界（代）

　　距今约5.4亿至2.5亿年，是地球的古生代，意思是古老生命的时代。这时，生物界有一个非常明显的飞跃：海洋中出现了几千种动物，鱼类大批繁殖起来；还出现了用鳍爬行的鱼，并且登上陆地，成为陆地上脊椎动物的祖先。在北半球的陆地上，出现了茂密的蕨类植物。地球表面从此迎来了一个生机勃勃的世界。

中生界（代）

　　距今2.5亿至6600万年，是地球的中生代，又被称为"爬行动物时代"。这时爬行动物兴起，恐龙曾称霸一时。当时的陆地、水域、天空都有各种各样的"龙"的身影。在中生代植物界，裸子植物取代了孢子植物成为主体。当时的树木都四季常青，苍翠欲滴，只是还没有绚丽的花朵和美味的果实。

新生界（代）

　　随着中生代的结束，爬行类动物如恐龙等都灭绝了，哺乳动物突飞猛进地演化为世界的主人，地球从此进入了新生代。新生代是哺乳动物时代，也是鸟类兴起的时代。此时，高等植物——被子植物开始布满大陆。新生代最伟大的奇迹是：在第四纪出现了人类。

距今（百万年）

宇（宙）	界（代）	系（纪）	
冥古宇（宙）			4600
			4000
太古宇（宙）	始太古界（代）		3600
	古太古界（代）		3200
	中太古界（代）		2800
	新太古界（代）		2500
元古宇（宙）	古元古界（代）		1600
	中元古界（代）		1000
	新元古界（代）		541
显生宇（宙）	古生界（代）	寒武系（纪）	485
		奥陶系（纪）	443
		志留系（纪）	419
		泥盆系（纪）	358
		石炭系（纪）	298
		二叠系（纪）	252
	中生界（代）	三叠系（纪）	201
		侏罗系（纪）	145
		白垩系（纪）	66
	新生界（代）	古近系（纪）	23
		新近系（纪）	2.58
		第四系（纪）	

来自水中的最初生命

　　水是维持生命必不可少的物质，这也是科学家在探测外星球时为什么执着寻找水的根本原因。现在通行的观点认为，最初的生命起源于水中，而且是起源于海洋中。

看不见的生命体

　　大约在 34 亿年前，地球上最初产生的单细胞动物原核生物出现了。它们大多生活在水中，并且能在水里呼吸。但它们的身体极小，我们用肉眼是看不到的，只有通过显微镜才能观察到它们的真实面貌。

热闹的海洋

　　距今约 6 亿年前，陆地上还是一片萧索，海洋中却很热闹，因为这时候的海洋中已经生活着浮游生物、古杯海绵和腔肠动物了。而且，这时蓝藻、红藻和绿藻等藻类出现了，使海洋的颜色变得鲜艳起来。

藻类时代

　　人们通常把距今约 8 亿年至 5.4 亿年的时期称为藻类时代，这一时期的藻类生物广布海洋，它们的出现预示着生命大繁荣时期即将到来。到现在还广泛生活的蓝藻，仍然保留着原始状态。

庞大的藻类家族

世界上的藻类植物有 3 万多种，它们主要生长在水中，也有的生长在岩石上、树干上或土壤中，地球上几乎每个角落都能找到它们。藻类的长相各不相同，有小到几微米的"侏儒"，也有长达 60 多米的"巨人"。别看外表的差别如此之大，它们却有着共同的特征——植物体没有根、茎、叶的分化。

蓝藻都是蓝色的吗？

蓝藻得名的原因是它含有一种特殊的蓝色色素。或许你会问：蓝藻都是蓝色的吗？答案是否定的，它的颜色有很多种。"红海"这个名字你一定熟悉吧？它是位于亚洲和非洲之间的一片狭长海域，由于海水呈现红色，所以得名。海水通常是蔚蓝色的，为什么红海却是红色的呢？原来，红海中存在着一种叫作束毛藻的蓝藻，它的体内含有大量的红色素。当这种藻类在水中大量繁殖的时候，海水就被它染红啦！所以说，蓝藻并不一定是蓝色的。

自己养活自己

蓝藻体内含有叶绿素，可用来进行光合作用，制造自己所需要的营养物质。所以，藻类植物属于能"养活"自己的自养植物。

小身材，大贡献

藻类含有丰富的营养，具有很高的食用价值。大家所熟悉的海带含有大量的碘，可以预防碘缺乏症。藻类植物在渔业、农业、工业和环境保护方面对人类也有巨大的贡献。有不少藻类可以直接吸收大气中的氮，提高土壤的肥力，使作物增产。

可千万别小瞧了这一古老而原始的类群，虽然它们的结构在植物界中最为简单，可是对于人类的贡献却不亚于任何一类植物。无论是过去、现在还是将来，它们都是不可缺少的。

沉默的"记叙者"

对"化石"这个词你一定不陌生吧？其实化石就是存留在岩石中的古生物遗体或遗迹演变而成的，我们经常见到的化石有古生物骸骨和贝壳等。古生物学家们通过研究化石可以了解生物是怎样演变的，并且可以确定地层年代。化石虽然不能说话，却可以无声地记录下很多珍贵的历史。

特殊的化石——琥珀

说到化石，有一种特殊的化石不能不提，那就是琥珀。很久很久以前，一只小昆虫无意中飞到一棵松树上。忽然，一滴松脂落下来，瞬间将小昆虫包裹起来，使它无法动弹。松脂慢慢凝固，最终形成一个块状物。很多年以后，这个块状物被人发现，它就是琥珀。

化石的形成及发现

1. 生物死亡

生物由于疾病、受伤、饥饿、意外、寿命等原因死去，是化石形成的第一步。

2. 被沙子和泥土等掩埋

生物的尸体在被其他动物吃掉前，必须先掩埋在地层里。洪水、滑坡、火山灰等都能迅速将生物的尸体掩埋，这是形成化石的理想条件。

亿万年后……

3. 经过长久的岁月变成了化石

经过亿万年，动物的骨头、外壳、痕迹等经过石化作用，就成了坚硬的化石。

4. 露出地面

即使是在地层之中，由于地壳运动等因素，化石也可能被破坏。而幸运地保存下来的化石，在地层经历风吹雨淋或人为工程等侵蚀变薄后，就有可能重新露出地面。

5. 发现并挖掘

长时间暴露在地表的化石也会被雨水和风等侵蚀破坏，人类发现并将其挖掘出来，然后才能进行研究。

三叶虫

你可千万别小看我哦！我是远古动物的"首席代表"。我这么自信是有原因的，大约在寒武纪时，我的家族就已经出现了，直到二叠纪时才与地球说再见，见证了地球上数亿年的风云变化，我们三叶虫的生命力只能用"极强"来形容了。

被人们误解

在中国明朝时期，就有人发现了我们的化石，当时我们的形象看起来像是蝙蝠展翅，所以人们就给我们的化石取了个"蝙蝠石"的名字。在很久以前的英国，人们还以为我们是比目鱼家族的成员呢。

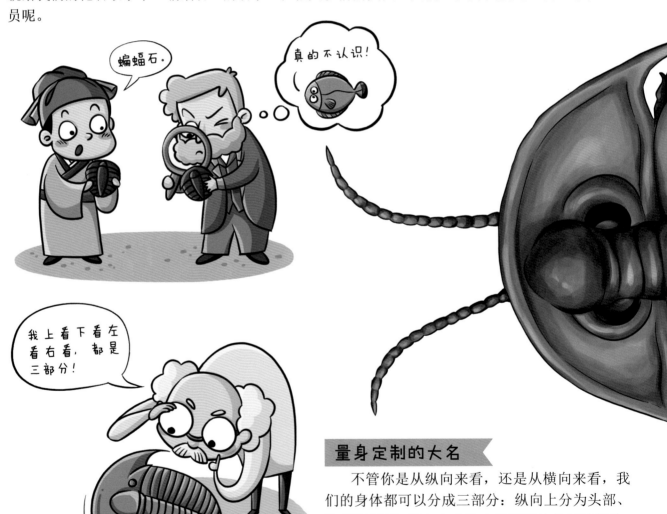

蝙蝠石。

真的不认识！

我上看下看左看右看，都是三部分！

三叶虫化石

量身定制的大名

不管你是从纵向来看，还是从横向来看，我们的身体都可以分成三部分：纵向上分为头部、胸部和尾部，横向上分为中轴和两边的侧叶部分。于是，科学家根据我完美的体型，给我取了一个恰如其分的大名——"三叶虫"。

外形各异

在悠悠岁月里，我们演化出繁多的种类。有的长达 70 厘米，大概有成年人的手臂那么长；有的却只有 2 毫米长，大约像 1 元硬币那么厚。

我们的生活

我们居住在浅海，和珊瑚、海百合等朋友和谐地生活在一起。我们的生活方式多种多样，有的喜欢游泳，有的喜欢漂浮在水面上，有的喜欢在海底爬行，还有的喜欢钻进泥沙中生活。

看我明亮复眼

我们的眼睛是复眼，也就是由很多个"独立小眼睛"构成的一个"整体眼睛"，这些"独立小眼睛"一般呈六边形。其实复眼并不是什么高大上的功能，生活中常见的蜻蜓、蜜蜂、蚊子啊，都是复眼。

美味，我来啦

哎呀！我的肚子"咕咕"叫了，我得去寻找食物了。海绵动物、腔肠动物、腕足动物的尸体、海藻等，都是我喜欢的美味。

奇虾

　　我们是已经灭绝的大型无脊椎动物，化石出现在中国、美国、加拿大、波兰及澳大利亚的寒武系沉积岩中。我们的嘴里有环状排列的十几排牙齿，嘴的直径可达到25厘米！古生物学家由此推测，我们的体长很可能超过2米。因此，我们也是人类已知的最庞大的寒武纪动物。

海中巨无霸

　　在大约5.3亿年前的海洋中，我们是最凶猛的猎食者，有很强的攻击能力，号称"海中巨无霸"。我们不太擅长行走，但却是游泳高手。直径达25厘米的大嘴，足以让当时任何大型水中生物都成为我们的午餐。就连那些有"铠甲"保护的动物，我们也能轻而易举地吃掉。

食物链顶端

　　我们可以长到2米以上，而当时其他大多数动物平均只有几毫米到几厘米。对于它们来说，我们就像大山一样。这种得天独厚的身体条件，使我们站在了寒武纪食物链的顶端。

消失的原因

　　什么？你问我们这么厉害怎么还灭绝了？古生物学家认为，是新物种将我们淘汰了。新物种的侵入，使我们的食物来源减少，越来越恶劣的环境也使我们的生存受到威胁。还有就是因为我们是最早的生物体之一，所以智力低下，无法适应新的生存环境，最终才走向了灭绝。

欧巴宾海蝎

从外形来看，我们绝对能被称为最古怪的史前动物。因为我们有 5 只眼睛，还有像大象鼻子似的大嘴巴，前面还有个长着"锯齿"的嘴爪，很奇特吧？

唯一类型

在寒武纪生命大爆发的时候，许多新的物种争先恐后地出现，我们就是在那时候出现的。说出来不怕吓到你，我们家族自始至终只有我一种类型，是不是觉得非常神奇？

怪异的长相

不要被我们的长相吓到，我们看起来很像是科幻电影中的怪异动物，身长约 1.2 米，用 14 对像桨一样的鳃来游泳。最奇怪之处还在于我的头部，上面顶着 5 只带柄的眼睛，前端有一个修长灵活的嘴巴，就像大象的鼻子一样，能吸吮和取食。在嘴的顶端还长着一个爪子，可以把海床洞穴里的小虫子抓出来。

石爪兽

我们石爪兽看起来很像马，而且也确实是马的远亲，不过，可别以为我们像马一样跑得很快，就算是走路，我们都显得很迟缓笨拙。不过因为有宽大的后脚和略有高度的爪子，行走起来也还算顺畅。

还好像石块，如果像狗屎……

名字的由来

我们大约生活在中新世的北美洲中部和南部地区，体型与现代的马有点相似。我们的脚上有爪，形状像石块，所以人们给我们取名叫石爪兽。

??

到底是谁的祖先？

"四不像"

我们的长相很奇特，看起来就好像是由不同动物拼凑而成的。我们的头部很像马，脖子像长颈鹿，而身体则更像熊。

吃素健康！

还是肉好吃！

素食动物

我们是完全的素食动物，可以用爪子挖掘植物的块茎，也可以用后脚支撑，直立起来去吃高处的树叶。我们的前肢比后肢长，背部向臀腰部倾斜而下。

游走鲸

在史前时代，有的动物在陆地上捕食，有的动物在水中捕食，而我们游走鲸却很特殊，因为我们既可以登上陆地，又能潜入水中。这大大地扩大了我们的生存空间，提高了生存概率。

水陆自由活动

我们是早期的鲸鱼，可以行走，也可以游泳，是半水生的哺乳动物。我们的化石在巴基斯坦附近被发现，这个地带在始新世是欧洲大森林的边缘。

你好，游走鲸！

请叫我"水陆两用鲸"！

早期的鲸鱼

科学家认为我们是早期的鲸鱼，因为我们有类似鲸鱼的特性，包括鼻子有潜入水中的适应性，耳骨的结构也像鲸鱼一样，能在水中听声音。虽然我们没有外耳，但能将头贴近地面来感受振动，以便追踪猎物。另外，我们的牙齿也与鲸鱼的牙齿相似。

我们的午餐就在不远处。

捕食鱼类

我们大约长 3.7 米，看起来像水獭与鳄鱼的合体。我们的头有点大，前面是长长的嘴巴，突出的牙齿在捕食鱼类时有很大的优势。

珊瑚史

提到我们的大名，你是不是一点都不觉得陌生？我们的外骨骼珊瑚在你们的生活中，是不是常常被提起？

珊瑚的外形很像树枝，颜色鲜艳，不但可以做装饰品，还有很高的药用价值呢！

闪亮登场

早在寒武纪末期、奥陶纪早期，我们就在地球上出现了。我是腔肠动物门中最大的一个纲，属于无脊椎动物。我们的身体是圆筒状的，没有头和躯干之分。

这就是我！

我们的生活

如果我们肚子饿了，触手就能派上用场了。我们以捕食海洋里细小的浮游生物为食，触手可以做一定程度的伸展，上面有刺细胞，刺细胞受到刺激时，就会翻出刺丝囊，用刺丝麻痹猎物。我们的触手中间有口，食物从口进入，而食物残渣也从口排出。

在生长过程中，我们会吸收海水中的钙和二氧化碳，然后分泌出石灰石，变为我们的外壳。

又抓到好吃的啦！

形成珊瑚礁

我们喜欢在水流快、温度高的暖海区生活。我们的每一个单体只有米粒般大小，在白色幼虫阶段时便自动固定在先辈珊瑚虫的石灰质遗骨堆上。我们一群一群地聚集在一起，一代代地新陈代谢，生长繁衍，同时不断分泌出石灰石，并且黏合在一起。这些石灰石经过压实、石化，骨架不断扩大，最终会形成形状万千、生命力巨大、色彩斑斓的珊瑚礁。

与藻类共生

我们和藻类植物共同生活在一起，藻类靠我们排出的废物生活，同时给我们提供氧气。藻类需要阳光和温暖的环境才能生存，我们堆积得越高，就越有利于藻类的生存。

水下花园

我们的群体骨骼形态繁多，颜色各异。红珊瑚像枝条茂盛的小树，石芝珊瑚像从地里冒出的蘑菇，石脑珊瑚像人的大脑，鹿角珊瑚像伸展的鹿角，筒状珊瑚像嵌在岩石上的喇叭……颜色有浅绿、橙黄、粉红、蓝色、紫色、白色等，在海底构成了巧夺天工的水下花园。

鹦鹉螺

奥陶纪的气候非常温和，海洋生物发展迅速，我们鹦鹉螺家族趁势崛起，在海洋中一度称王称霸，威风得不得了！

名字的由来

在奥陶纪时期，我们是海洋中数量最多的动物，不过现在我们只生活在印度洋和太平洋中。我们的壳薄而轻，呈螺旋形盘卷，壳的表面呈白色或者乳白色，生长纹从壳的脐部辐射而出，平滑细密，多为红褐色。由于我们的螺旋形外壳光滑如圆盘状，形状就像是鹦鹉嘴，因此得名"鹦鹉螺"。

你的体型盗版我的嘴型？

有危险！

奇妙的身体构造

我们的脑、循环系统和神经系统都很发达，但眼部构造却很简单，可以说是眼大无神。我们柔软的身体占据壳的最后一室，其他部分则充满空气。我们有90条触手，当遇到危险时，我们会将肉体缩到壳里，再用触手盖住壳。我们生性警惕，就算是在休息时，也会用几条触手负责警戒。

再这么吃会发胖的！

顶级掠食者

在奥陶纪的海洋里，毫不夸张地说，我们是顶级的掠食者。我们的身长可达11米，三叶虫、海蝎子等海洋生物都是我们的美味。在那个海洋无脊椎动物鼎盛的时代，我们以庞大的体型、灵敏的嗅觉和凶猛的嘴喙轻而易举地称霸了海洋。

海洋中的活化石

虽然我们在地球上经历了数亿年的演变，但外形、习性等方面变化很小，所以我们被称为"海洋中的活化石"。我们常在近海活动，觅食虾类。古生物学家凭借我们的生存环境可以断定地层的年代，所以研究我们对生物进化和古生物学等方面都有重要的价值。

我的活动天地

白天时，我们总是在海底歇息，把触手粘在海底岩石上。夜晚到来时，我们就开始活跃起来。我们可以适应不同深度的压力，通过可以调节气体含量的气室，从海洋表层一直到 600 米深，都是我们的活动空间。

"鹦鹉螺"号

如果把我们的身体剖开，你会看到像旋转楼梯一样的结构，一个个隔间由小到大顺势旋开，这决定了我们的沉浮。这正是开启潜艇构想的钥匙，世界上第一艘蓄电池潜艇和第一艘核潜艇因此被命名为"鹦鹉螺"号。

小说中的"鹦鹉螺"号

除了现实生活中存在"鹦鹉螺"号，小说里也有它的存在，那就是凡尔纳经典科幻小说《海底两万里》里面的"鹦鹉螺"号。这是一艘理想化的潜艇，船体所需的能源和船员的生活必需品都来自大海，它完全不需要陆地的补给，可以无限期地在海上航行。

盾皮鱼

也许你会疑惑，会有穿着盔甲的鱼吗？我可以肯定地告诉你：的确是有的，因为那就是我们盾皮鱼！盾皮鱼家族是鱼类中比较庞杂的一大类群，身体的典型特征是具有头盾和躯盾，非常怪异。

我的生活空间

我们是鱼类最早期的一支，大约生活在泥盆纪时期。相对于之前生存很久的海洋动物，我们只在地球上生存了约4000万年。我们一般在海里生存，但是也有少数种类生活在淡水中,我们家族最早的化石就是在淡水沉积物中被发现的。

> 我是鱼类的爷爷的爷爷的爷爷……

> 哎哟！我的牙！

身着铠甲

我们的头部被许多骨质的甲片包裹着，以防备敌人的进攻。这还不够，就连我们的胸部也装备了甲片，躯体的后部也覆盖着鳞片，浑身上下武装得严严实实，让敌人无从下口。

> 既有肺又有鳃。

一直在进化

早期时的我们不擅长游泳，在进化过程中，许多种类慢慢变得适应在水底生活。古生物学家曾在我们的近亲化石中看到鳃和肺并存，这可能是为了适应缺氧的淡水生活环境而进化出来的。

> 你觉得可能吗？

> 饶命！

莫氏鱼

海洋霸主"接班人"

我们盾皮鱼类中最显赫的一族叫恐鱼，是在泥盆纪晚期出现的。单单是头胸甲的尺寸，就超过了奇虾的身材，所以恐鱼理所当然地成为继奇虾之后的海洋霸主，与它同时期出现的莫氏鱼经常会成为它的腹中餐。

鱼石螈

我们家族的化石被发现后，让两栖动物的发展史有了重大突破。我们的身长约1米，拥有鱼类和两栖类动物的特性。身体表面披着小鳞片，还长着一条鱼形的尾鳍。如果光看尾巴，我们更像鱼，但和鱼不同的是我们能在陆地上爬行，并能用肺直接从空气中获取氧气。

爬上陆地

我们的身体结构还没有现在的两栖动物那么完善，例如，我们不能进行真正意义上的"爬行"，而是在"拖着脚"行走。尽管如此，相对于鱼类而言，我们的身体特征足以证明我们进入了一个生物演化发展的新阶段，并且成为最早登上陆地的脊椎动物。

别忽视我的进步！

这鱼怎么有四条腿？

可爱的昵称

我们还有一个可爱的昵称呢！1929年，瑞典地质学家库霖博士在格陵兰岛科考活动中采集到了一批我们家族的化石，在国际学术界中引起了人们的极大兴趣。丹麦的媒体见我们的样子很奇特，就亲切地称我们为"四足鱼"。

菊石

我们家族最早出现在泥盆纪初期，曾广泛活跃在世界各地的三叠纪海洋中。不过，这已经是往事了，现在我们家族早就已经灭绝了，你们也只能在博物馆参观我们的化石了。

名字的由来

我们是已经灭绝的海生无脊椎动物，出现于 4 亿年前，大约在白垩纪末期灭绝。我们被称为"菊石"，是因为我们的身体表面有类似菊花的线纹。你一定想不到，我们其实是全身柔软的章鱼和乌贼的古老亲戚呢！

壁壳在"说话"

古生物学家通过研究我们的化石壁壳的厚薄、壳形和壳外表装饰的不同，来了解我们的生活习性。

例如，壳壁较厚和具有粗糙壳饰的种类是不太喜欢活动的；壳壁较薄、表面平滑和具有尖饼状壳形的种类就很喜欢活动，并且居住在较深的水体。

菊石家族聚会

菊石与鹦鹉螺

我们是由鹦鹉螺进化而来的，运动器官在头部，体外有一个硬壳，与鹦鹉螺的形状相似。我们家族壳体的大小差别很大，一般的壳有几厘米或者几十厘米长，最小的仅有 1 厘米左右，最大的可以达到 2 米，比一些古老的大磨盘还要大。

知道我藏在哪儿吗？

随着身体逐渐生长，我的外壳会增加新的腔室，而我柔软的躯体则位于最外层的腔室中。我的壳体因此会慢慢变大，再形成新的螺旋。

独特游泳方式

海洋是我们的乐园，我们通过喷水在水中前进。我们的壳内有中空的内腔，里面充满了空气，因此可以帮助我们浮上水面。不过，由于内腔一般在身体的上方，因此我们在游动的时候头在下方。

被饿死的家族伙伴们

在漫长的进化中，我们衍生出了许多品种，比如船菊石。船菊石的外壳不是清晰规整的螺旋状，而是歪歪斜斜的，这种歪斜导致外壳的开口越来越小，因此头部不能伸出壳外，以至于没有办法进食，最终会因为饥饿而悲惨地死去。

娃娃鱼

非常骄傲地告诉你，我们是世界上现存最大的也是最珍贵的两栖动物。由于我们身上有山椒味道，所以有人也称我们为"大山椒鱼"。

我们的家

我们一般生活在山间溪流、河流或湖泊中，这些地方水流湍急，水质清凉，水草茂盛，石缝和岩洞多。我们独居在有回流的滩口处的洞穴里，洞口比身体稍微大一些。我们的家里很宽敞，有足够的空间，洞底是平坦的细沙。白天，我们常常藏匿在洞穴内，头向外面伸出来，便于随时捕食或避开敌人。如果遇到危险，我们就会迅速离开洞穴向深水中游去。

看不到我！

最大的两栖动物

我们的学名叫"大鲵"，因为我们的叫声很像婴儿的哭泣声，所以人们习惯叫我们"娃娃鱼"。我们是世界上现存最大的也是最珍贵的两栖动物，全长可达 1 米以上，体重最重的可以超过 50 千克。我们的外形有点像蜥蜴，但比蜥蜴更肥壮扁平。

好像有婴儿在哭？

哇……

生性凶猛

你可千万不要被我们的名字欺骗，以为我们是很温顺可爱的。其实，我们是生性凶猛的肉食动物，以水生动物为食。我们一般隐匿在石隙间，发现猎物后，便会突然袭击。我们的牙齿又尖又密，被咬住的猎物很少有能逃走的。但我们的牙齿不能咀嚼，所以只能将食物囫囵吞下，在胃里慢慢消化。

奇特的生存本领

小时候，我们用鳃呼吸，长大后却用肺呼吸。我们还有很强的耐饥饿本领，在清凉的水中，就算两三年不吃东西也不会饿死。我们又能暴食，一顿可以吃下相当于体重五分之一的食物。在缺乏食物时，我们有时还会同类相残，或吞食自己的卵充饥。

救救我们

由于我们的肉嫩味鲜，所以长期以来一直遭到人类的大量捕杀，导致我们的数量急剧减少。现在，由于人类大肆开发，我们已经失去了很多家园。看在我们是珍贵古老的野生动物的份上，好好保护我们吧！

异齿兽

如果你第一眼看到我们，一定会被我们脊背上高大的背帆吸引住目光，因为那高耸的脊骨撑出的巨大扇形背帆实在是太特别啦！想知道我们的背帆是干什么用的吗？接着往下看吧！

奇特的相貌

告诉你哦，我们的背帆可有着特殊的作用，我们可以利用它来调节体温，作用是不是和你们生活中常用的空调有些类似？

巨大身形

你是不是觉得我们长得很像恐龙？告诉你吧，我们比恐龙出现的时间可早多了，而且我们并不属于恐龙一族，是哺乳动物的祖先。我们的身形巨大，体长可以达到 3.5 米，体重可以达到 350 千克呢！

怪异的牙齿

看到我们的名字，你就知道我们的牙齿一定大有文章。其实，我们的牙齿算不上怪异，只是口中同时拥有三种不同类型的牙齿而已。

鱼龙

我们是类似鱼和海豚的大型海栖爬行动物，在侏罗纪时期，我们也曾是海洋的统治者之一。可惜，在白垩纪时，我们就灭绝了。

自我介绍

我们大约出现在2.5亿年前，体型与海豚极为相似。流线型的身体让我们在游泳时很省力气，而且速度快得惊人，时速可达40千米。我们的口鼻部又窄又长，嘴巴里长有尖利的小牙，可以轻松地咬住鱿鱼或其他滑溜溜的海洋动物。

玛丽的发现

1811年的一天，英国一个叫玛丽的12岁小女孩发现了一具奇怪动物的骨骼化石，看起来好像属于曾生活在海洋中的古代爬行动物。后来，古生物学家把这些骨骼化石拼在了一起，才得出了答案——这具化石是我们家族的某位成员在2亿年前死去后形成的。

鱼龙公墓

古生物学家在德国的霍耳茨马登附近发现了300多具我们家族成员的化石。除了数量众多的骨骼和皮肤化石外，他们还找到了一些腹中带有幼体鱼龙的雌性骨架化石。由于数量众多，这些古生物学家就把这个地方称为"鱼龙公墓"。

蛇颈龙

在侏罗纪时期，恐龙成为陆地上的霸主。而在海洋中，我们蛇颈龙则站在了食物链的顶端。虽然我们的名字也带了一个"龙"字，但我们可不属于恐龙哦！

奇特的外形

我们的外形很奇特：脑袋小，脖子长，尾巴短，身体像乌龟。看起来，就像一条蛇穿过一个乌龟壳。我们的头虽小，但嘴却很大，里面还长着很多细长的锥形牙齿。

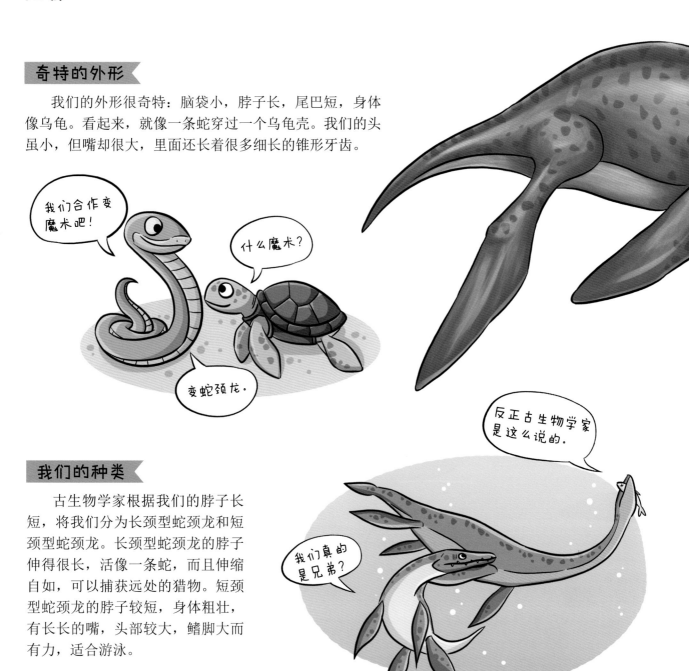

我们的种类

古生物学家根据我们的脖子长短，将我们分为长颈型蛇颈龙和短颈型蛇颈龙。长颈型蛇颈龙的脖子伸得很长，活像一条蛇，而且伸缩自如，可以捕获远处的猎物。短颈型蛇颈龙的脖子较短，身体粗壮，有长长的嘴，头部较大，鳍脚大而有力，适合游泳。

捕食绝技

我们在游泳时，就像乌龟一样，靠划动鳍状肢在海中滑行。我们的四只鳍脚就像四支很大的船桨，让身体进退自如，转动灵活。我们捕猎时，会穿梭在鱼群中，左右摆动长脖子，可以轻松咬住鱼类。

胃石的秘密

古生物学家曾在我们的胃中发现了数量不等的磨光鹅卵石，这种石头被称为胃石。有人认为，我们很有可能为了使自己在水中游动方便而吞下石头来增加体重；还有人认为，我们吞下胃石的主要目的是帮助消化食物。这两种观点现在普遍被生物界学者所接受。

我们的食谱

从前，人们一直认为我们在海洋中主要以鱼、鱿鱼和其他游水动物作为食物，但是后来有人发现，我们的肠胃中残留着蛤蜊、螃蟹和其他海底贝类动物的化石。这说明，我们的食谱比人们想象的更为广泛，我们不仅捕食游水鱼类，还可以利用长长的脖颈伸到海底捕食各种贝壳类、软体类动物。

始祖鸟

我们之所以如此著名，是因为保存了精美的羽毛化石。至于我们是否会飞，我还不能告诉你，因为科学家们还在争论。

鸟类的祖先

科学家一般认为：我们是鸟类的祖先，是最早的原始鸟类，是爬行动物到鸟类的中间类型，也是鸟类与恐龙相互连接的锁链中极为关键的一环。

奇特的外形

我们的外形有些奇特，没有喙嘴，上下颌突出，里面布满了细小的牙齿，这有利于捕捉昆虫和其他小型的无脊椎生物。我们的身体也不是优美的曲线型，而是不适合飞翔的扁平型。

不过，既然我们的名字叫"始祖鸟"，就要对得起这个"鸟"的称号，所以我们拥有一双翅膀，上面长满了羽毛，不过我们的前肢和两翼的翅膀是连在一起的。

选美比赛

扁平身材最时尚！

羽小枝　　羽枝

羽轴

第一根羽毛

1860 年，人们在德国发现了一根羽毛的化石。这根羽毛长 68 毫米，宽 11 毫米，羽轴、羽枝和羽小枝都十分清楚。科学家发现，这根羽毛位于距今 1.55 亿年的地层中。由此可以确信，远在 1.55 亿年前，地球上就已经有了鸟类的踪影。

令人惊奇的事

当我们展开翅膀的时候，前爪会随着翅膀一同伸开。更为奇特的是，虽然我们没有尾翼，但却拥有比身体躯干还长的尾骨，上面同样覆盖着细密的羽毛。

羽毛的重要作用

也许你会说："从外观上看，你们并不是很特殊啊！"要知道，在那个弱肉强食的时代，我们长出了羽毛，就能通过飞行来躲避捕食者，又能悄无声息地飞到猎物的上方，完成致命一击，为自己准备一顿美餐。所以，我们能生存下来，是因为羽毛发挥了重要作用。

无法在树上生活？

有的科学家认为，我们还不具有第一趾与其他3趾对握的结构，所以是无法在树上生活的。他们认为，我们可能善于在地上奔跑。不过，这还有待你们继续考证。

远古翔兽

作为哺乳动物，我们远古翔兽一族是特殊的存在，因为我们能在天上飞行。是不是很了不起？

想飞上天，和太阳肩并肩

看到鸟类的祖先在天空中飞翔，一种生活在 1.25 亿年前的哺乳动物也按捺不住了，开始学习飞行的本领。经过无数次跌落、爬起，它们最终掌握了飞行技巧，成为世界上最早能飞上天的哺乳动物。它们的出现使飞行哺乳动物的历史提前了将近 8000 万年。这种哺乳动物就是我们远古翔兽。

我想上天！

我们与蝙蝠

在我们的化石被发现之前，蝙蝠曾被认为是世界上最早出现的飞行哺乳动物，因为目前发现的最古老的蝙蝠化石历史可以追溯到 5100 万年前。我们的化石出现后，蝙蝠就失去了这一荣誉。

家族的荣誉没了！

奇特样子

从外表上看，我们综合了松鼠和蝙蝠的特征。我们的全身覆有毛发，四肢之间有翼膜，可以在树丛之间滑翔。我们体长 12~14 厘米，体重很轻，大约只有 70 克，靠捕食小昆虫为生。

扁肯氏兽

我们是哺乳动物的远亲，大约生活在三叠纪时期。别看我们的身体很强壮，其实我们是素食者哦！

庞大身躯

我们的体长可达 3 米，有些同类的重量能超过 1 吨。我们长着两颗长长的獠牙，可以用来自卫。我们用庞大的身躯理所当然地终结了早期小巧的哺乳动物的时代。

喜欢群居

在亚利桑那石化森林东南的圣约翰，人们发现了 40 具我们家族成员的化石。据此，人们推测，我们喜欢群居生活，并且喜欢居住在旷野中。

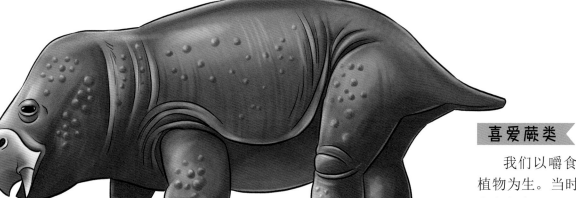

喜爱蕨类

我们以嚼食矮小的蕨类植物为生。当时很多蕨类植物都很坚硬，而且根部储存了水分，我们便用獠牙挖取蕨类植物吃，这样就能同时获取身体所需的水分了。

蕨类植物是 4 亿年前出现的木生植物的总称。在今天，蕨类植物的生命力依然非常强大。史前，蕨类植物曾高达 20~30 米，随着岁月的变迁，才慢慢变得低矮。

摩尔根兽

在恐龙时代，我们在地球上的分布非常广泛，这有世界各地出土的化石为证。为了躲避恐龙，我们可能还保持着夜行的习惯呢！

闪亮登场

在英国的南威尔士三叠系地层中，人们发现了许多原始哺乳动物的化石，它们属于我们摩尔根兽。我们是地球最早的哺乳动物代表，在 2.05 亿年前就已经出现了。

重见天日了！

哺乳动物祖先的代表

我们的牙齿是哺乳动物类型的，而且齿尖沿着牙齿的中轴大概排列在一条线上。在我们的身体特征的基础上，经过分化和演变，才发展起来了整个哺乳动物大家族。因此，我代表了整个哺乳动物大家族祖先的类型。特别强调一下：也包括人类在内哦！

你猜这是什么？

让我闻闻看。

嗅觉与触觉

有科学家们利用高分辨率的仪器对我们的头骨化石进行了扫描，发现我们拥有发育最完全的脑部嗅觉控制区，还有发育较为完全的触觉控制区。由此可见，我们没有优先发展思考能力，而是发展了嗅觉和触觉。

中华侏罗兽

目前，地球上的哺乳动物超过 90% 为有胎盘类，主要特征就是母体具有一个胎盘，可以给未出生的幼体提供营养。而我们中华侏罗兽，就是目前已知的最古老的有胎盘类哺乳动物。

被人类发现

2009 年，我们的化石在辽宁省建昌县玲珑塔地区被发现。据考察，我们生活的年代距今约 1.6 亿年。毫不夸张地说：我们是当今繁盛的所有有胎盘类哺乳动物的曾祖母，其实我们的名字就有"来自中国的侏罗纪母亲"之意呢！

我们的化石

我们的化石被发现的有不太完整的头骨、部分头后骨架、完整的前肢和手部骨骼，以及残留的软体组织印痕。科学家研究了我们的牙齿，认为我们属于食虫类哺乳动物。

攀爬能力的意义

在侏罗纪时代，许多哺乳动物都在地面上生活，而我们却具有攀爬能力，因此可以避开敌人，从而在严酷的环境中生存下来。可以说，爬树和攀岩为哺乳动物开辟了一个新的生存空间。

娇小身躯

我们的身躯非常娇小，和现在世界上最小的哺乳动物鼩鼱有一拼。我们有完整的前肢和手部骨骼，所以具有攀爬能力，能在树上生活。

始祖马

地球上有关马的化石非常丰富，不过到目前为止，我们依然是最早出现的马。但可能要让你们失望了，因为我们的身体没有你们想象的那么强壮。

马的祖先

我们是被公认的马的祖先，大约生活在5000万年前。我们的身体很矮，体高约30厘米，就像一只小狗一样大。我们的尾巴较短，四肢细长，靠脚趾行走。嫩树叶、水果和坚果都是我们喜爱的食物，由于身体灵活，我们可以在草丛和灌木中自由穿行。

马类进化史

起初，我们很适应热带森林生活。后来，干燥的草原代替了湿润的灌木林，我们的机能和结构也跟着发生了变化：我们的体格增大，四肢变长，成为单趾；牙齿变硬，并且变得复杂。经过各个阶段的演化，我们最终变成了现在的单蹄扬首高躯大马。

体型变大，前后脚都有三个脚趾，中趾比两边的脚趾粗。

曾被认为是马科最早的成员之一，跟一只小狗差不多大。前肢四趾，后肢三趾。

让我欣慰的后代们

大约在 6000 年前的一天，在广袤的草原上，一匹小野马克服了自己的恐惧，乖乖地让人类给它套上了笼头。这是人类第一次试着驯服我们的后代，也是人类与马之间伟大友谊的开始。

我们是聪明、勇敢、忠诚、耐劳的动物，自从成为家畜之后，人类把我们当成得力的伙伴。的确，我们在狩猎、运输和交通等方面，从来没有让人类失望过。《三字经》中说："马牛羊，鸡犬豕，此六畜，人所饲。"我们的后代能够列在六畜之首，正体现了人们对我们的深厚感情。

现代马

体形再次变大，成为我们现在看到的马。

上新马

体型继续变大，只剩下一个脚趾。

草原古马

马

与一头驴差不多大小。脚上的两个侧趾开始退化，功能也越来越小。

鸭嘴兽

我们是现在依然存活着的哺乳动物，非常怪异，也非常低等。当科学家第一次看到我们的标本时，还以为是一个恶作剧，甚至用剪刀剪掉了毛发，试图找到把喙连在毛皮上的针线。

原始的哺乳动物

我们是一种原始的哺乳动物，因为我们的身体上还没有哺乳动物的完整特征。而且，我们还是以产卵的方式进行繁殖的，属于最原始最低级的哺乳动物。

长相怪异

当初，英国移民进入澳大利亚时发现了我们，他们立刻发出一声惊呼："真是不可思议的动物！"他们为什么这么吃惊呢？因为我们的长相实在是太怪异了！我们大约40厘米长，全身裹着柔软褐色的浓密短毛，是一层上好的防水衣。我们的四肢很短，五趾间有薄膜似的蹼，非常像鸭蹼。我们的嘴部扁平，看起来像是鸭嘴，这也是我们得名的原因。

我们的"护身符"

如果你觉得我们人畜无害，那肯定是被我们憨厚的外表欺骗了。我们家族中，雄性成员的后脚上有刺，里面存着毒汁，与毒蛇的毒液相近。人如果不幸被刺伤，就会疼得满地打滚，需要好几个月才能恢复。这就是我们的"护身符"。雌性成员在出生时也有剧毒，但是随着年龄的增长，毒性就慢慢消失了。

爱做"独行侠"

大多时间我们都生活在水里，是当之无愧的游泳能手。我们的皮毛有油脂，在较冷的水中，我们的身体依然可以保持温暖。游泳时，用前肢蹼足划水，靠后肢掌握方向。我们的鸭嘴上面布满了神经，能像雷达扫描器一样，接收其他动物发出的电波。我们靠着这一利器，可以在水中辨明方向和寻找食物。

我们的家

我们在河流、湖泊中栖息，平时喜欢穴居在水畔。我们常把窝建造在沼泽或河流的岸边，洞口开在水下。我们在岸上挖洞作为隐蔽所，洞穴与毗连的水域相通。除了哺乳期外，我们一生都过着独居的生活。

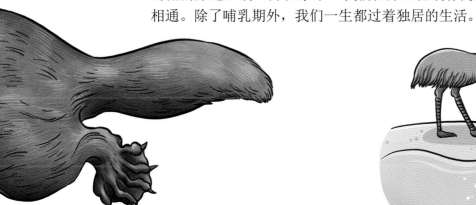

吃是一件大事

吃是一件大事，因为我们的食量很大，每天消耗的食物与体重差不多。我们喜欢吃一些小的水生动物，如昆虫的幼卵、虾和蠕虫等。清晨或黄昏时，我们喜欢在水边猎食甲壳类、蚯蚓等动物。不过，我们没有哺乳动物尖利的牙齿，所以每次在水中捉到食物，我们都将其藏在腮帮子里，再浮上水面，用嘴巴里的颌骨上下夹击后再咽下。

我们需要保护

我们在澳大利亚已经生活了亿万年，既没有灭绝，也没有多少进化，始终在"过渡阶段"徘徊。令我们感到非常伤心的是，因为人类追求标本和珍贵毛皮，对我们展开了多年的滥捕，使我们的种群严重衰落，一度面临灭绝的危险。好在澳大利亚政府已经制定了保护法规，这才让我们稍微安心一点。

剑吻古豚

看到我们的名字，你应该就能猜出我们的身体特征了——有着剑一样的尖吻。我们就像是海里面帅气的击剑运动员，不过，我们可不参加比赛，只会追逐可以填饱肚子的食物。

娇小体型

我们是一种已经灭绝的鲸鱼。不过，我们的身长只有 2 米左右，体型远不及今天你们看到的鲸鱼。要知道，现在的小型鲸鱼体长都能达到 6 米左右，更别说那些体长能达到 30 米的鲸鱼了。

真大啊！

猎食高招

虽然我们的个头不大，但行动却很敏捷。科学家认为，我们可能是有猎食高招的，那就是依靠回声定位来猎食。回声定位猎食是怎么回事呢？就是我们可以发出超声波，利用超声波的回声来判断前方是否有猎物。一旦回声显示不远处有猎物，我们就会迅速游过去，张开长满锋利牙齿的嘴巴，把猎物一口咬住。

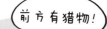

前方有猎物！

咱们是亲戚？

特殊的尖吻

虽然海豚也有尖吻，但是我们的尖吻要比海豚的长得多，也尖得多。我们的上颚生长延长成尖吻，看起来更像是霸道的剑鱼的嘴巴。这尖吻可是我们捕捉猎物的好帮手哦！

巨齿鲨

我们是生活在大约 2500 万年前到 200 万年前的巨型鲨鱼。我们的牙齿像人的手掌一样大，有 13~17 厘米长，比大白鲨的牙齿还要长好几倍。是不是很可怕？

令人胆寒的数据

科学家根据我们的牙齿化石推算，我们的身体大约有 13~16 米长，体重大约有 20~30 吨，大嘴的直径可达到 1.7~2.1 米。也就是说，我张开大嘴，就能毫不费力地把一个成年人吞下去。

我不服。

恐怖的撕咬力量

我们的撕咬力量是大白鲨的 6~10 倍，这足以表明，地球历史上最可怕的掠食性动物非我们莫属。我想，就算是霸王龙也不是我们的对手。

海洋动物的终结者

我们喜欢在海洋中猎食，如果看到在海面换气的动物，我们会毫不犹豫地发起攻击。我们的猎食绝技有两种：第一种是在短距离内快速游动，从猎物的下方攻击；第二种是在猎食大型猎物时，先攻击猎物的尾部或者鳍，使猎物丧失游泳能力，再将猎物一举拿下。

雕齿兽

我们是一种史前哺乳动物，生活在上新世、更新世期间，大约在1万年前灭绝。我们本来在南美洲的阿根廷、乌拉圭、巴西一带生活，但在由于地壳运动，北美洲与南美洲连接起来了，于是我们便开始向北美洲迁移。

不是大乌龟

很多人一见到我们的化石就以为我们是史前的大乌龟，这可大错特错了！我们是名副其实的哺乳动物，只是身上背着像龟壳的盔甲而已。乌龟可以把脑袋缩进壳里，我们可做不到，因为我们的脑袋上长着一个漂亮的骨冠。

"铠甲武士"

我们的身长约4米，背部最高达2.5米，身上的坚硬盔甲保护着我们的身躯。显然，再凶猛的肉食动物也很少攻击到我这个全副武装的"铠甲武士"。

我的防身武器

我们不仅防卫本领了得，还有一条厉害的尾巴，上面有厚角质化的刺，就像一条带刺的巨型棍棒。在必要的时候，我们能像运动员挥动网球拍和棒球棍一样，甩摆带尖刺的尾巴，用最大、最锋利的刺攻击敌人。

猛犸象

我们曾广泛生活在约1万年前的草原、森林、冻原、雪原等地，大约在公元前2000年灭绝。夏季时，草类和豆类是我们的主要食物，而冬季时，我们会吃一些灌木和树皮。

从不怕冷！

极强的御寒能力

我们猛犸象的部分成员身披长毛，且长有一层厚厚的脂肪，因此具有极强的御寒能力。在阿拉斯加和西伯利亚的冻土和冰层里，人们曾不止一次发现过我们的尸体，甚至包括带有皮肉的完整个体。

与人类打交道

我们一直生活到4000多年前，那时候地球上早就已经出现了人类，因此我们非常不幸地成为石器时代人类的重要狩猎对象。在欧洲的许多洞穴遗址的洞壁上，都可以看到早期人类绘制的我们的图像。

剑齿虎

听到我们的名字，你就可以猜测到，我们是以牙齿闻名的动物。借助弯刀一般的剑齿，我们成为优秀捕猎者，能直接把猎物扑倒并且撕裂它们的咽喉。

我们不一样！

我们比较像！

不像狮子更像瘦熊

我们经常被人们误以为是长着獠牙的狮子，其实我们和狮子可是大有区别的。我们的体重约300千克，可比狮子重得多呢！而且我们的后腿和尾巴非常短小，与其说我们像狮子，不如说更像是体格健壮的瘦熊。

我恨人类！

捕食猎物

象、犀牛、熊、马等大型动物，全都是我们爱吃的美味。在捕猎时，我们很有耐心，可以长时间潜伏在猎物必经之路的草丛中，等猎物走近时，才张开巨口，猛地跳出来，将猎物扑倒。猎物还没回过神，我们就将弯刀一般的牙齿深深地插进它们的身体中了。

人类难辞其咎

虽然我们在很久以前就灭绝了，但是我们也和原始人类共同生活过。据科学家推测，我们的灭绝，原始人类有着不可推卸的责任。因为当时原始人类已经掌握了石器，完全可以对抗并且猎杀我们，这无疑加速了我们的灭绝。

细鼷鹿

虽然我们的名字也叫鹿，但是和你们在动物园里见到的梅花鹿和长颈鹿还是有很大区别的。我们成年后才与刚出生的梅花鹿差不多大，如果站在 5 米高的长颈鹿面前，我们就只能算是小不点儿了。

雌雄有别

与现在的鹿相比，我们的头上没有长长的鹿角，雄性个体的犬齿还伸到了嘴巴的外面，变成了小小的獠牙。

反刍动物

我们有 4 个胃，因此在进食的时候，可以抓紧时间把草衔进嘴里，不加咀嚼地全部吞下去。当我们的肚子被撑得圆滚滚的时候，才停止进食。不过，刚才被我们咽下去的草没有经过咀嚼，无法消化，这怎么办呢？我们会找个安静又安全的地方，将咽进胃里的草分批吐回嘴里，再细细咀嚼，然后再咽下去。像我们这样进食的动物都被人们称为"反刍动物"。

回味一下！

成功了吗？

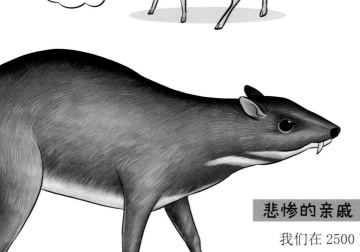

悲惨的亲戚

我们在 2500 万年前就已经和你们说再见了，不过我们的亲戚麝香鹿却一直活到了今天。它们的外形是鹿、鼠和兔的综合体，四肢细长，生活在东南亚和非洲的热带雨林中。不幸的是，雄麝香鹿的体内会产生一种叫麝香酮的物质，可以用在香水中，非常昂贵。因此，它们遭到了残忍的猎杀。希望人类用合成的方法来获得麝香酮，尊重它们的生存权。

后弓兽

在 700 万年前,南美洲的平原上广泛生活着一种相貌怪异的植食性动物,那就是我们后弓兽。你问我们的相貌到底有多怪异?那就接着往下看吧!

"三不像"

我们的外貌像是多种不同动物的综合体——身体就像马一样,脖子和骆驼一样长,鼻子像大象一样,不过长度要比大象的鼻子短很多。

达尔文发现化石

我们的化石最早是被著名的生物学家达尔文发现的。20多岁时,达尔文登上了"贝格尔"号去周游世界,他的著作《物种起源》就是在这次过程中逐渐酝酿出来的。1834 年,"贝格尔"号到达南美洲的阿根廷,在这里稍事休息。船一靠岸,达尔文就带着工具走进了丛林中。就是在这里,他幸运地找到了我们家族某位成员的半具骨骼化石。

灵活的踝关节

我们后弓兽有三个脚趾,最特别的地方就是拥有非常灵活的踝关节,这也是我们在逃命时的优势。因为在奔跑的过程中,我们可以随意改变姿势和方向,所以在受到剑齿虎等掠食者攻击时,我们往往能机智地逃脱。

砂犷兽

如果你握紧拳头在地上爬行，用手指的关节来支撑身体，大概爬不了多远，手指关节就会被磨破。可是我们砂犷兽却偏偏喜欢用指关节来走路，是不是很奇怪？

奇怪的走路方式

我们砂矿兽的前脚很长，上面长着长而弯曲的爪子，因此没有办法把前脚平放在地面上。为了能向前行走，我们只能把长着爪子的前脚趾向后弯，然后用趾关节向前行走，这种行走方式被称为"趾行"。以你们现在的眼光来看，这种行走方式真是太奇怪了，但在我们生活的年代，这种行走方式是很普通的。

好痛！

有点挑食

我们的上颚没有前牙，因此在进食时比较挑剔，就像现在的大熊猫一样，只挑选最鲜嫩的枝叶作为食物。我们会用长臂把高处的树枝拉下来，获取最鲜嫩的树叶。

越嫩越好吃！

看你怕不怕！

对敌策略

我们的体型比较大，但行动很缓慢，所以唯一的防御手段就是依靠巨大的体型来吓唬敌人。如果敌人没有被吓跑，还向我们发起攻击，我们就用前肢上的利爪来还击。

大地懒

你知道树懒吗？它们总是在树上睡觉，偶尔运动一下，动作也出奇的慢。我们跟树懒是血缘很近的表亲，不同的是，我们在地面活动。

我们家族

在远古时代，我们懒兽家族曾经十分繁盛，从小型、中型到大型，应有尽有。在地懒家族中，块头最大的非我们大地懒莫属。我们的身体可以达到 6 米，与猛犸象差不多大。重量可以达到 4 吨，与一头非洲象的重量差不多。不过，由于体型太大，我们的行动变得很缓慢。

名字的由来

我们也被称为"大树懒"，与现在的树懒是表亲。我们的化石最早在 1788 年的阿根廷被发现，当时人们称我们为"史前巨兽"。后来，人们在南美洲又发现了许多我们的化石。著名的古生物学家居维叶研究了这些化石，发现与现在的三趾树懒非常相似，因此就将我们命名为"美洲大树懒"，简称"大树懒"。

我们的样子

我们长有厚实但短而高的头颅，鼻孔位于高处，全身覆盖着浓密的毛发。在毛发下，还隐藏着一层由许多的骨性甲片构成的"盔甲"。我们的臀部骨骼十分强壮，在我们用后腿站立时，能够起到支撑作用。我们还有一条粗壮的尾巴，在站立时也能起到辅助作用。我们的前肢和后肢上还长着强壮而尖锐的爪子，方便攀握树枝或与其他掠食者搏斗。不过，由于爪子又长又弯，因此我们走路时只能以足侧着地，将弯爪朝内。

喜欢两足前进

事实上，我们并不喜欢四足着地爬行，最喜欢的行走方式是两足前进。我们站起来时，身高是大象的两倍，因此能轻松地摘到高处的树枝和嫩叶。

牙齿重生

我们的牙齿发达，适合磨碎叶片，不过牙齿表面没有珐琅质保护，容易磨损。幸运的是，牙齿磨损后，深埋在颚中的方柱会继续生长，让牙齿重生。

天敌？不存在的！

我们的身躯很庞大，所以几乎没有天敌。即使是非常凶猛的霸王刃齿虎和泰坦鸟也要对我们退避三舍。不过，幼年的大地懒防御力很差，经常会成为凶猛动物的袭击目标。

南方古猿

我们是非常接近人类的猿，不是因为我们的大脑有人类的三分之一大小，而是因为我们可以直立行走。

头骨化石

1924年，在南非的金伯利，我们家族中一个幼年古猿的头骨化石被发现了。根据化石，科学家推测我们的脑容量比现存的黑猩猩大不了多少，而且我们的智力水平十分有限，还达不到可以发展出语言的高度。因此我们可能会以咆哮、呐喊和尖叫来交流。

露西出土

1974年，一个年轻的雌性古猿的化石在埃塞俄比亚出土，这个化石保存完好，科学家们给它取名叫"露西"。根据这具化石，科学家推断我们已经能够用脚直立行走，但是，我们依然能够像灵长类的远祖一样自由攀缘。

两种类型

所有的南方古猿都可以直立行走，从体型上分为粗壮型和纤细型两种。粗壮型的体重在40千克左右，身材比较高，可以达到1.4米；而纤细型的比较瘦小，体重在25千克左右，身高在1.2~1.3米。

大浩劫

　　科学家在粗壮型南方古猿的生活遗址处发现了兽骨和角器等物品，说明它们已经有了明显的社会关系，能制造简单的工具。遗憾的是，300万年前，一场意外的火山爆发，让它们葬身于东非大裂谷，这可以称得上是人类进化史上的一次大浩劫。

还算幸运

　　幸运的是，在热带和亚热带地区，还生活着以采集植物的块茎和野果子为食的纤细型南方古猿，它们是最接近人的古猿。如果食物不足，它们还会进行狩猎，草原上的中小型动物都是猎杀的对象。

征服自然

　　为了保护自己，我们南方古猿总是集体生活在一起，大家轮流站岗，防止大型肉食动物的侵袭。最终我们成功地适应了环境，赢得了与自然的战争，朝着人的方向演化。当我们可以用双脚稳稳地站在大地上的时候，人类征服自然的进程就已经开始了。

直立人

我们直立人从体型到外表都和现代人非常相似。而且，我们会制造工具，会使用火，甚至有的科学家认为，我们其实已经会使用语言进行交流了。

我们出现啦

经过大约 200 万年的发展，南方古猿终于适应了在地面上生活，也能够稳稳当当地直立行走了。随后，出现了很多外表与现在的人类更加接近的新物种，其中最有名的就是我们直立人，我们还有一个常见的名字叫"猿人"。

我们的出现标志着人类历史上的一次重大进步，目前科学家认为我们起源于非洲，而后依靠顽强的毅力走出了非洲，最后迁徙到世界的各个地方。

我们的外表

我们的外表与现代人类很接近，身材高大，平均身高能达到 1.6 米，最高的有 1.8 米。与南方古猿相比，我们在脑容量、面部特征等许多方面都有了明显的变化。

脑容量扩大

从对人类的发展来说，我们最重要的变化就是脑容量的扩大。我们的脑容量至少是南方古猿的 2 倍，相当于现代人类脑容量的 70%。不仅大脑体积有所增大，而且结构也变得更加复杂了。此时，我们的大脑半球已经出现了明显的不对称性，而这与语言能力的发展有着密切的关系。

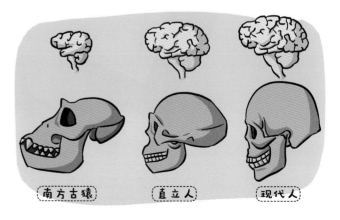

旧石器时代

　　直立行走解放了我们的双手，而大脑的发展则进一步使双手变得灵活。我们可以用石头制造简单的工具，因此我们生活的时代被称为"旧石器时代"。我们最擅长制造的工具是"手斧"，是用一块比较重的石头充当"锤子"，去敲击另一个石块，使上面的碎片慢慢剥落，从而形成尖锐的边缘。手斧的作用很大，可以用来宰杀猎物、剥皮挖骨或搜集树根。

眉骨突出

　　我们与现代人的四肢骨骼结构差别不大，区别主要在于头骨和牙齿。我们的头骨扁平厚实，眼眉上的两块眉骨连在一起而且很粗壮，所以你们在博物馆看到我们的塑像，眉骨都是突出的。

喜欢肉食

　　我们喜欢捕猎并吃肉食，对植物类食物的兴趣不大。我们的后部牙齿小，前端牙齿扩大，这是因为前端牙齿更多地用来撕咬肉类，把肉食分割成小块；而后部牙齿通常是用来咀嚼及磨碎粗硬的食物。

奇趣动物联盟
★
认证

远古生物鉴定师

编号：＿＿＿＿＿＿＿＿＿＿＿＿

姓名：＿＿＿＿＿＿＿＿＿＿＿＿

发证日期：＿＿＿＿＿＿＿＿＿＿

现如今，这些"老古董"绝大部分已经离我们而去了，我们人类已经成为地球上最高等的生物，但是，我们永远要尊重动物、尊重生命，并且用实际行动热爱我们共同的家园——地球！